AF582326

BOBY DE LA CHAPELLE

La Vache de Jersey

(SON AVENIR EN BRETAGNE)

EXTRAIT du Compte-Rendu de la trente-troisième Session de l'Association Bretonne, à Saint-Servan, en 1891.

TRÉGUIER

IMPRIMERIE LE FLEM

1892

LA VACHE DE JERSEY

(SON AVENIR EN BRETAGNE)

par

M. BOBY DE LA CHAPELLE

EXTRAIT du Compte-Rendu de la trente-troisième Session de l'Association Bretonne, à Saint-Servan, en 1891.

Depuis quelques années notre agriculture est aux abois, et de toutes les fermes de France s'élève un immense cri de détresse.

Malgré nos plaintes, hélas! trop justifiées, malgré l'évidence incontestée de nos souffrances, le Pouvoir, si prodigue de brillantes promesses à la veille de chaque élection, se garde bien, au lendemain du scrutin, de décharger l'Agriculture des lourds impôts qui l'écrasent, et à la fin du XIXe siècle, sous une forme différente, il est vrai, elle reste toujours taillable et corvéable à merci, comme aux époques reculées de l'histoire.

A nos douloureuses doléances, les théoriciens en chambre répondent avec un aplomb superbe et une présomptueuse assurance que la terre inépuisable n'a pas dit son dernier mot, et qu'il faut tirer davantage du sol.

Comme remède à nos maux, ils nous engagent à profiter des découvertes de la science, à acheter des machines perfectionnées, à employer les engrais chimiques-à ne semer que des blés de grands rendements, à défricher pour créer des pâturages, à élever le nombre des animaux, etc., etc.

Ah ! comme un bon dégrèvement fiscal ferait bien mieux notre affaire ! car, en définitive, nous avons tous suivi ces conseils, et nous n'en sommes pas moins tout aussi malheureux.

Et je me permettrai humblement de faire remarquer à ces agronomes citadins qu'ils se gardent bien de transformer leurs capitaux en propriétés rurales, pour n'avoir pas à payer au Trésor 24 pour cent de leur revenu net, préférant de beaucoup acheter des valeurs mobilières qui, plus favorisées, ne sont grevées que de 4 pour cent seulement.

En attendant le jour où, comme les syndicats ouvriers, les syndicats agricoles seront assez forts pour se faire écouter, pour faire accueillir avec succès en haut lieu leurs justes revendications, nous pourrions peut-être encore, en redoublant d'efforts, agrandir les revenus que nous tirons de certaines branches agricoles.

En Bretagne, par exemple, où l'industrie laitière est avec raison en grande faveur, il me semble possible de faire du beurre meilleur et d'en faire en plus forte quantité, sans augmenter les frais généraux. On obtiendrait ainsi un bénéfice notable, d'abord par la plus-value qu'une qualité supérieure donnerait au produit, et ensuite par le prix du surcroît dans le rendement.

Jadis les beurres bretons, et notamment ceux d'Ille-et-Vilaine, jouissaient au dehors d'une retentissante célébrité. Aujourd'hui, d'après les mercuriales des marchés de Paris, ils sont loin d'atteindre la cote des beurres normands ; bien plus, je constate avec peine que presque toujours ils n'arrivent qu'après ceux de la Touraine, des Charentes, du Poitou, du Gâtinais, etc.

J'ai voulu savoir d'où venait cette sorte de déconsidération, et j'ai appris qu'on reprochait à nos beurres de Bretagne d'être trop salés et de prendre trop rapidement le goût de fort.

Ce sont là deux défauts que l'on peut aisément corriger.

En dépassant une dose normale de sel dans le beurre, ne serait-ce pas user de supercherie vis-à-vis du client?

Un kilo de sel coûte 50 centimes et le kilo de beurre 2 fr. 50. Dans beaucoup de fermes, on sale à raison de 600 grammes par 10 kilos, c'est-à-dire que, sur une motte de ce poids, il y a 600 grammes de beurre en moins, remplacés par 600 grammes de sel. Or, ces 600 grammes de beurre qui manquent représente 1 fr. 50, tandis que les 600 grammes de sel ajoutés valent 30 centimes. Il en résulte que la ménagère croit avoir fait une bonne affaire en gagnant 1 fr. 20 par dix kilos de beurre qu'elle livre au commerce.

Mais elle fait un faux calcul, car le consommateur n'est pas toujours aussi naïf qu'on le croit, et s'il a été trompé une fois, il ne s'y laissera pas prendre dans la suite. Par conséquent, ce n'est qu'en lui fournissant du beurre moitié moins salé qu'il consentira à le payer comme celui des autres provenances, à un prix plus élevé. Cela rapportera autant au producteur et lui laissera en outre la conscience plus tranquille.

S'il est aisé de moins saler, il est plus difficile d'arriver à faire du beurre se conservant longtemps sans rancir, car il faudrait pour cela modifier les pratiques et la routine locales.

Il est indispensable, d'abord, d'opérer un délaitage aussi complet que possible à l'aide d'un malaxeur à bras. Cet excellent instrument, du prix de 35 fr., a de plus l'immense avantage de supprimer les manipulations si longues et si fatigantes pour la fermière.

Mais le malaxage ne suffit pas, et la condition principale c'est de maintenir la propreté la plus minutieuse dans la laiterie.

Il n'y a pas de liquide aussi susceptible que le lait, il n'en est pas s'altérant plus vite au contact des odeurs extérieures.

Malheureusement, dans nos fermes, trop généralement, la laiterie n'existe pas, et le lait séjourne dans des réduits mal aérés, servant à des usages divers, de chambre à coucher pour les domestiques, de cuisine pour la nourriture des porcs, etc. J'en ai vu où l'on déposait le linge sale !

C'est vouloir à plaisir précipiter la fermentation et favoriser la coagulation acide. Aussi ne doit-on pas s'étonner que la crême recueillie sur du lait ainsi aigri, transmette au beurre ces ferments putrescibles qui en font rapidement du beurre fort.

Dans la région de Saint-Malo-Saint-Servan, on n'éprouve pas, comme ailleurs, une insurmontable répugnance pour le beurre fort. Au contraire, bien des personnes le recherchent, et l'on peut voir, dans maintes boutiques, de grandes jattes, vides de la provision précédente, dont les parois sont encore imprégnées de vieux beurre, que l'on se garde bien de nettoyer, afin que la provision nouvelle puisse à son tour rancir plus vite.

J'ai connu des gourmets se pâmant de volupté devant une bécasse qui tombait en décomposition. Je ne trouve pas plus étonnant de voir des amateurs raffoler du potage au beurre fort. Tous les goûts sont dans la nature.

Toutefois, il n'en est pas moins vrai qu'à Paris le beurre fort n'est pas en faveur, tant s'en faut, et nous devons, dans notre intérêt, nous attacher à satisfaire les exigences de cet insatiable consommateur, sans quoi il s'adressera de préférence à qui lui offrira le mieux à sa convenance, et si nos concurrents lui fournissent un produit plus à son gré que le nôtre, ils seront seuls à avoir sa colossale clientèle. Alors ils augmenteront d'autant leur production, de telle sorte que nos beurres continueront à baisser de prix et nous resteront sur les bras.

Si les beurres normands tiennent aujourd'hui le premier rang sur les grands marchés, nous avons cependant en Bretagne des beurres qui peuvent lutter de pair avec eux, mais ils proviennent alors d'exploitations où les soins nécessaires sont apportés à leur fabrication. Je dois dire que les producteurs de ces beurres trouvent des débouchés au-dessus de 3 fr. le kilo, alors que le prix moyen des beurres de Bretagne ordinaires dépasse rarement 2 fr. 50.

En 1888, en pleine Normandie, au Concours régional d'Alençon, les beurres Normands et Bretons concouraient ensemble en une même catégorie ; sur les dix prix décernés, quatre furent attribués aux seconds, et ce fut un agriculteur d'Ille-et-Vilaine, M. Alexandre Letanneur, qui obtint le premier prix des beurres demi-sel.

Voilà de bons exemples à suivre, et, si en Bretagne, d'une façon générale, on voulait réellement transformer, suivant le progrès, les procédés en usage, on ferait certainement du beurre qui se vendrait aux Halles Centrales 20 à 30 centimes de plus par kilo,

D'après la statistique reproduite dans le *Dictionnaire d'Agriculture* de M. Barral, il y avait dans l'Ille-et-Vilaine, en 1882, lors du dernier recensement agricole, 215,817 vaches. Admettons que le rendement de chacune d'elles fût de 30 kilos de beurre dans l'année, on arrive alors à un total de 6,474,510 kilos. Si, en outre, on attribue à chaque kilo une plus-value de 20 centimes, par suite de l'amélioration dans la qualité, on trouvera un bénéfice de 1,294,902 fr., ce qui ne serait pas à dédaigner.

De même nous pouvons obtenir un gain bien autrement considérable en produisant plus de beurre sans dépenses nouvelles.

La statistique dont je viens de parler établit que les 215,817 vaches de l'Ille-et-Vilaine ont fourni dans leur année 2,075,982 hectolitres de lait, ce qui reviendrait à 962 litres par vache. Il faut avouer que c'est bien peu pour un pays comme le nôtre. J'ai supposé une production de 30 kilos de beurre par vache, ce qui représenterait, pour le département, 6,474,510 kilos, et au prix de 2 fr. 50 le kilo, 16,186,275 fr.

Si, par conséquent, on arrivait à n'avoir que des vaches donnant un rendement double ou triple, notre Agriculture y gagnerait, nécessairement, 15 à 30 millions par an.

Il me semble donc profitable de porter tous nos efforts vers ce but.

Il est parfaitement possible, avec le même nombre de vaches nourries de la même façon, d'obtenir plus de beurre. Pour cela, il faudrait, dans les fermes, s'attacher vigoureusement à améliorer le bétail des étables, en recherchant avant tout chez les reproducteurs les aptitudes beurrières, en les favorisant par une sélection constante et bien entendue, en remplaçant franchement les animaux à rendement médiocre par des élèves issus de parents remarquables sous le rapport des qualités laitières.

Les bonnes vaches ne coûtent pas plus à nourrir que les mauvaises, et comme les premières rendent le double des autres, le surplus sera tout bénéfice net.

Quelles sont donc les vaches qui, pour une quantité déterminée de nourriture, nous donneraient le plus fort produit en beurre.

Trois races bovines sont partout citées pour la richesse de leur lait en matières grasses. Ce sont :

La race bretonne ;

La race normande ;

La race d'Alderney ou des îles de la Manche.

La race bretonne comprend deux sous-races : la petite variété pie du Morbihan et du Finistère, et la grande variété du littoral de la Manche, le plus souvent à pelage rouge, qui se trouve dans l'Ille-et-Vilaine et les Côtes-du-Nord, mais dont les meilleurs types se rencontrent, paraît-il, dans l'Est de ce département.

La petite race convient essentiellement, en raison de son excessive sobriété, aux pays arides de landes et de bruyères, dont les maigres pâturages lui suffisent.

Dans la partie de la Bretagne où, comme dans l'Ille-et-Vilaine, la fertilité du sol permet de donner aux bestiaux une bonne alimentation, il ne peut être question que de la grande race, dont le rapport est en même temps plus élevé. C'est donc d'elle que je m'occuperai.

Dans son important ouvrage, *le Livre de la Ferme*, M. Pierre Joigneaux estime que les grandes vaches bretonnes de notre littoral produisent en moyenne 1,800 litres de lait par an, dont la richesse en beurre est de 6 pour cent.

M. Sanson, professeur à l'Ecole d'Agriculture de Grignon et à l'Institut National Agronomique, auteur, dans le *Dictionnaire d'Agriculture* de M. Barral, de l'article sur les races bovines de Bretagne, attribue également à la grande variété une production annuelle moyenne s'approchant de 1,800 litres de lait, et fournissant 5 à 6 pour cent de beurre.

De son côté, M. Henri Johanet, administrateur de la Société des Agriculteurs de France, qui a écrit une intéressante brochure sur l'Agriculture de l'Ile de Jersey, s'appuie sur des chiffres indiqués par des agronomes éminents, pour fixer le rendement de la vache bretonne de 1,400 à 1,600 litres de lait. Il avance de plus qu'il faut 25 à 30 litres de ce lait pour faire le kilogramme de beurre

Dans son livre *les Races bovines,* M. le marquis de Dampierre, le sympathique Président de la Société des Agriculteurs de France, évalue à 1,825 litres par an le rendement en lait d'une bonne vache bretonne, et il assure qu'elle fournit en moyenne le kilo de beurre par 22 litres, et même parfois par 16 ou 18 litres.

Pour ma part, j'ai acheté fort cher des bretonnes de choix, primées dans les concours régionaux, et leur lait ne m'a jamais rendu plus de 3,846 pour cent en beurre, c'est-à-dire qu'au minimum 26 litres étaient nécessaires pour produire le kilo de beurre. Une seule est arrivée à 1,600 litres de lait d'une mise bas à une autre.

Toutes ces indications n'établissent donc pas identiquement le rendement que l'on doit attribuer communément aux grandes vaches bretonnes au point de vue de la quantité du lait, puisqu'elles varient entre 1,400 et 1,825 litres.

Il y a certainement des bretonnes qui donnent davantage, et j'en connais dont la production annuelle s'est élevée à 2,500 litres, mais il faut ajouter que celles de cette catégorie sont peu nombreuses.

Je crois donc qu'il y a lieu, pour prendre une bonne base, de s'arrêter au produit de 1,800 litres, indiqué par MM. Joigneaux et Sanson, dont le marquis de Dampierre s'éloigne à peine.

Quant à la proportion de beurre que renferme le lait des bretonnes, il est pareillement assez difficile de fixer un terme moyen comme donnée fondamendale.

M. Joigneaux prétend qu'elle est de 6 pour cent, et M. Sanson de 5 à 6 pour cent.

A la suite d'analyses nombreuses, on admet que la

densité du lait varie entre 1,015 et 1,045, ce qui veut dire qu'un litre de lait pèse de 1 kilo 15 grammes à 1 kilo 45 grammes. Les laits les plus riches en matières grasses sont ceux qui pèsent le moins. Or, prenons 1,800 litres de lait d'une bretonne, à la densité intermédiaire de 1,030, nous aurons alors un poids de 1,854 kilos de lait qui rendrait donc 92 kilos 700 grammes de beurre, soit un kilo par 19 litres 417, et à 6 pour cent, 111 kilos 240 grammes, soit un kilo pour 16 litres 181.

Si parfois des bretonnes peuvent atteindre le dernier rapport, ce n'est qu'exceptionnellement, comme le déclare le marquis de Dampierre.

Mais, d'autre part, le chiffre de 30 litres pour faire le kilo de beurre, que citent M, Johanet et d'autres auteurs, me paraît trop peu favorable à la bretonne.

Enfin, M. Magne, ancien professeur à l'école vétérinaire d'Alfort, dit dans son livre intitulé : « *Choix de vaches laitières* », que pour certaines vaches bretonnes, 20 litres de lait produisent le kilo de beurre, mais il ne donne pas ce chiffre comme ordinaire.

Pour tirer des conclusions pratiques de ces diverses assertions, il convient de prendre un juste milieu, c'est-à-dire de rester dans la généralité, et de s'arrêter à la quantité de 23 litres de lait, comme nécessaire pour fournir 1 kilo de beurre.

Aussi, pour les calculs qui vont suivre, j'adopterai, comme produit moyen d'une bonne vache bretonne de la grande race, un rendement de 1,800 litres de lait, donnant 4,348 pour cent en beurre, soit : 78 kilos 264 grammes.

Comme la Bretagne, la Normandie possède deux variétés bovines bien distinctes ; celle dite cotentine, et celle de la Vallée d'Auge.

Les vaches normandes, en général, sont de très remarquables laitières, mais les augeronnes, mieux conformées pour la production de la viande, donnent par contre beaucoup moins de lait que les cotentines ; c'est pourquoi je ne parlerai ici que de ces dernières.

D'après M. Joigneaux, une bonne cotentine doit donner par an un produit de 3,400 litres de lait.

M. Magne, pour la même période, fixe à 4,500 litres le rendement des meilleures cotentines.

M. Johanet ne leur reconnaît qu'une production de 3,000 à 3,500 litres.

Quant à M. Sanson, il va jusqu'à dire qu'il est commun de rencontrer en Cotentin, notamment aux environs d'Isigny et de Bayeux, des vaches donnant jusqu'à 6,000 litres de lait entre deux vêlages. La haute compétence de M. Sanson en zoologie est trop bien établie pour que l'on puisse émettre le moindre doute sur ce qu'il avance ; néanmoins, il est certain que de pareilles vaches ne forment pas la majorité de l'espèce ; or, les caractères généraux d'une race doivent être déterminés d'après son ensemble, et non d'après les sujets exeptionnels.

Suivant les notes que j'ai pu recueillir de différents côtés, et les renseignements précis qui m'ont été fournis directement par plusieurs éleveurs bien connus de la Manche, la production et la richesse du lait des vaches cotentines seraient très variables. Toutefois, on peut dire qu'elles donnent annuellement de 3,500 à 4,500 litres de lait, fournissant de 130 à 150 kilos de beurre, soit une moyenne de 1 kilo par 26 et 28 litres.

En présence de ces différentes estimations, je crois donc pouvoir adopter le chiffres de 4,000 litres, comme moyenne du rendement d'une bonne cotentine.

Quant aux qualités butyreuses de ce lait, l'écart est à peu près le même dans les appréciations des écrivains agricoles.

Ainsi, d'après Messieurs Joigneaux et Sanson, il résulterait d'analyses faites par M. Marchand, de Fécamp, que la richesse en beurre du lait des Cotentines serait de 5.622 pour cent.

C'est énorme pour cette race, et peu en rapport avec les expériences faites par d'autres personnes, également très compétentes.

En effet, si nous prenons le chiffre de 6,000 litres, cité par M. Sanson, à la densité de 1,030, nous aurons 6,180 kilos de lait, qui, à 5,622 pour cent, doivent fouruir en beuare 347 kilos 440 grammes. Soit alors 17 litres 269, pour faire le kilo de beurre.

S'il existe des cotentines beurrières à ce point, il n'est pas douteux qu'elles sont bien rares, et que celles qui offrent réellement ces qualités sont des vaches extraordinaires et merveilleuses.

Mais, d'autre part, M. Johanet estime, de son côté, qu'il faut chez les cotentines de 25 à 28 litres pour donner le kilo de beurre.

M. le marquis de Dampierre, dans son ouvrage, rapporte que M. de Sainte-Marie, Inspecteur Général de l'Agriculture, a constaté, d'après une série d'expériences faites en Normandie, qu'il fallait l'énorme proportion de 35 litres de lait pour faire un kilo de beurre.

Entre ces données, également sérieuses et variant de 17 à 35, je m'arrêterai à la proportion de 26 litres, qui équivaut à une richesse en beurre de 3,846.

D'après ce qui précède, le rendement annuel d'une bonne vache du Cotentin serait donc de 4,000 litres, donnant 153 kilos 846 grammes de beurre.

Il semble alors que toute hésitation est impossible, quant au choix à faire entre elle et la grande bretonne.

Mais il faut remarquer que la cotentine est un vaste coffre à nourriture ; qu'avec l'énorme quantité d'aliments qu'elle consomme, on peut entretenir plus que largement deux grandes bretonnes. Celles-ci, beaucoup plus sobres, se contentent pendant l'été de pâturages ordinaires, les seuls que nous puissions leur offrir, sans exiger ces gras et plantureux herbages qui sont l'apanage de la Normandie ; elles se passent facilement des copieuses rations de tourteaux, de pulpes, de recoupes, toujours si coûteuses, qui sont indispensables à la cotentine durant l'hiver.

La vache normande, il ne faut pas l'oublier, est non seulement la plus avide mangeuse, mais encore la plus exigeante, quant à la qualité de la nourriture. Il lui faut, à bouche que veux-tu, les foins les plus odorants, les racines les plus sucrées, et toujours de l'herbe savoureuse jusqu'au ventre. Là où elle ne trouve pas les riches fourrages de sa fertile province, elle perd bien vite ses aptitudes. J'ai vu des cotentines, réputées chez elles comme laitières hors ligne, devenir rapidement plus que médiocres, une fois transportées en Anjou, en Vendée ou en Poitou.

Cependant, à la porte d'une ville, où le lait frais se vend très avantageusement, une cotentine abondamment nourrie serait peut-être préférable à deux bretonnes, puisqu'elle donnera 4,000 litres au lieu de 3,600 ; mais loin d'un grand centre de population, quand on se trouve obligé de transformer le lait en beurre pour l'expédition, ce sont les deux bretonnes qui rapporteront le meilleur profit, attendu qu'elles donneront ensemble 156 kilos 528 grammes de beurre, au lieu de 153 kilos 846 grammes que fournira la cotentine pour la même nourriture. Il est vrai que cette dernière rendra en outre un supplément de 400 litres de lait écrémé, qui représente, pour l'élevage des porcs, une certaine valeur ; mais cette différence sera compensée, et au delà, par la probabilité des risques qui sera plus grande, car les cotentines, étant moins rustiques, réclament plus de soins que les bretonnes et sont plus exposées aux accidents mortels qui proviennent souvent du vêlage.

Je crois, dans ces conditions, que, dans notre département d'Ille-et-Vilaine, d'une façon générale, il vaut mieux entretenir des bretonnes de la grande race du littoral, quand on s'attache principalement à la production du beurre.

Maintenant il reste à savoir si, sous ce rapport, la jersiaise ne serait pas plus productive pour nous que la bretonne.

La race d'Alderney comprend toutes les vaches des îles de Jersey et de Guernesey.

La variété de Guernesey est un peu plus forte que celle de Jersey, et toutes deux se recommandent par des qualités beurrières extraordinaires. Leur origine est évidemment la même, et les différences qui peuvent exister entre les deux types tiennent certainement aux soins tout particuliers apportés à Jersey dans le choix des reproducteurs, et à l'exclusion absolue de sang étranger depuis plusieurs siècles.

Les vaches de Jersey, beaucoup plus nombreuses que celles de Guernesey, sont aussi celles qui fournissent le plus de sujets pour l'exportation. C'est donc de la variété Jersiaise de la race d'Alderney que je m'occuperai ici.

Suivant M. Joigneaux, la production moyenne par an d'une jersiaise, serait de 1,900 à 2,000 litres de lait.

De son côté, M. Johanet affirme qu'elle s'élève de 3,000 à 4,000 litres. Il ajoute que, dans un rapport adressé au Ministre de l'Agriculture, M. Feret, vice-consul de France à Jersey, avance que la vache jersiaise donne annuellement une moyenne de 3,500 litres de lait.

D'autre part, M. Louis Léouzon, l'agronome bien connu de la Drôme, qui a publié dans le *Journal d'Agri-*

culture pratique plusieurs intéressants articles sur les vaches de Jersey, cite dans le numéro du 20 avril 1882 des sujets de cette race ayant dépassé le chiffre de 4,000 litres dans leur année. Dans le numéro du 17 septembre 1885, il rend compte d'observations ayant porté sur un troupeau de trente têtes appartenant à Lord Braybroll, à Andley And, et qui permettent d'établir que le produit moyen annuel en lait, calculé sur trois années, s'est élevé à 2,185 litres par vache. Ensuite, dans le numéro du 28 juillet 1887, il parle d'un autre troupeau de jersiaises pures, celui de M. John Pred. Hall, Erley Court, dont la moyenne de la production laitière a été de 59 litres par semaine; la période lactaire étant habituellement de quarante-deux semaines, le produit annuel de chaque vache a donc été d'environ 2,478 litres.

Suivant la notice sur l'exploitation agricole du grand domaine de Monthorin, dans l'arrondissement de Fougères, et appartenant à M. le comte de La Riboisière, depuis que les étables ont été montées exclusivement avec des jersiaises, le rendement moyen annuel de chaque vache, l'une dans l'autre, serait, pour la dernière période triennale, de 2,200 litres de lait; il a été de 2,405 litres pour 1889-1890.

Enfin, chez moi, avec cinq vaches importées directement de leur île, j'ai obtenu, dans l'année 1888, un minimum de 10,730 litres, ce qui correspond à 2,150 par vache. En 1890, avec quatre vaches importées et trois génisses nées dans mon étable, le produit s'est élevé à 15,120 litres, soit à 2,160 par bête. Mais, si j'avais eu à ma disposition des pâtures suffisantes pour me permettre de les tenir moins longtemps à l'étable, elles m'eussent donné davantage.

Je sais parfaitement bien, comme le declare M. Johanet et comme le signale M. Léouzon, qu'il existe des vaches de Jersey donnant, en effet, jusqu'à 4,000 litres de lait par an ; toutefois il convient, ainsi que je l'ai fait pour les bretonnes et les cotentines, de ne prendre qu'un chiffre applicable à la majorité de la race, et pour ne pas être taxé d'une grande partialité à l'égard de la jersiaise, je choisirai une des données les plus basses parmi celles qui précèdent, et qui portent à 2,000 litres seulement sa production annuelle en lait.

Le lait des vaches de Jersey passe avec raison pour être le plus riche connu en éléments butyreux : M. Joigneaux prétend qu'il ne contient pas moins de 6 pour cent en beurre, ce qui pour 1,900 litres de lait, qui, à la densité de 1,030, pèseraient 1,957 kilos, ferait un produit en beurre de 117 kilos 420 grammes, soit 1 kilo pour 16 litres 180.

Selon M. Johanet, il faut de 16 à 18 litres de lait d'une jersiaise pour faire le kilo de beurre, et il rapporte que M. Ferret et son prédécesseur au vice-consulat, M. Cussy, prétendent de leur côté que 14 à 16 litres suffisent.

M. Léouzon, après avoir cité des jersiaises ayant rendu jusqu'à 1 kilo 800 grammes de beurre par jour, et 352 kilos 700 grammes pendant leur période lactaire, dit que le produit des bonnes vaches ordinaires de cette race est de 150 kilos par an, soit 3 kilos pas semaine. D'après lui, la quantité de beurre fournie par l'étable de lord Breybrook serait d'environ 132 kilos par vache, à raison de 1 kilo par 17 litres 71 de lait. A la ferme de Perrot's Brook, dans le Gloucestershire, exploitée par M. Edwin Trinder, un troupeau de 130 jersiaises de tout âge et de toutes conditions aurait donné un produit moyen par tête de 450 grammes de beurre par jour et de 165 kilos par an. Chez M. John Fred. Hall, Erley Court, on n'a jamais dépassé 20 litres pour faire le kilo de beurre, ce qui, eu égard à la production du lait dans l'établissement, doit représenter au moins 124 kilos de beurre par an pour chaque vache.

Le regretté M. Barral, ancien secrétaire perpétuel de la Société Nationale d'Agriculture de France, dans son *Dictionnaire d'Agriculture,* prétend que chez la race d'Alderney, « la production du beurre atteint parfois de 5 à 7 kilos par semaine, mais le plus souvent de 3 kilos à 3 kilos 500 grammes, ce qui correspond à 160 et 180 kilos par an. »

M. le baron Peers, Président de la Commission d'Agriculture de la Flandre occidentale, rapporte, dans un travail qu'il a publié sur la race bovine de Jersey, qu'une Commission envoyée dans les îles de la Manche par la Société Centrale d'Agriculture de la Seine-Inférieure, reconnut qu'à Jersey 13 à 15 litres de lait produisaient le kilo de beurre. Il reproduit, de plus, un article du journal *le Monde Agricole,* dans lequel on évalue de 150 à 180 kilos le rendement annuel en beurre de ces vaches.

Il résulte des conclusions d'un article intitulé : *Laiterie de Francheville,* inséré dans *le Journal d'Agriculture pratique* du 3 janvier 1884, sous la signature de M. Alfred Chavannes, que dans l'étable de M. Galmiche, propriétaire dans la Haute-Saône, les vaches de Jersey qui s'y trouvent donnent le kilo de beurre par 14 et 18 litres de lait.

D'après des renseignements qui m'ont été envoyés de Normandie par un éleveur bien connu dans la Manche pour ses succès agricoles, M. le colonel Regnouf, de Vains, les jersiaises, chez lui, fournissent en moyenne de 2 kilos à 2 kilos 500 grammes de beurre par semaine, soit par an de 130 à 143 kilos, et ses cotentines de 3 à 4 kilos par semaine, soit pour l'année de 130 à 156 kilos. Puis il ajoute que le beurre des vaches de Jersey est plus jaune et plus ferme ; qu'enfin il nourrit deux jersiaises contre une cotentine.

En 1886, j'ai eu l'occasion de constater chez un de mes amis, M. Larsonnier, qu'une vache qu'il avait importée de Jersey, l'année précédente, « Lady Cooley, 6923. JHB. » donnait le kilo de beurre avec 12 litres de lait.

M. Ayraud, qui tient une comptabilité régulière et très exacte de la production laitière des nombreuses fermes du grand domaine de Monthorin, a constaté que, du 1er octobre 1889 au 1er octobre 1890, le kilo de beurre avait été obtenu avec 17 kilos 472 grammes, représentant 17 litres 996 de lait.

Sur les 15,120 litres de lait qui m'ont été fournis en 1890 par mes sept vaches en production, il n'en a été baratté que 13,295 litres, le reste ayant été consommé ou vendu. Or, j'ai eu 683 kilos 500 grammes de beurre, ce qui fait 1 kilo par 19 litres 45. Si, par conséquent, j'avais entièrement transformé en beurre les 15,120 litres recueillis, mon rendement eût été de 777 kilos 32 grammes ; soit par vache, dans l'année, une moyenne de 111 kilos, ce qui représente un lait riche de 5,141 pour cent en matières grasses, proportion bien supérieure à celle de 3,846 pour cent, constatée comme je l'ai dit plus haut, dans le lait de mes anciennes Bretonnes.

En parlant des races bovines au Concours régional de Saint-Lô, M. J. Sabatier s'exprimait ainsi dans *le Journal d'Agriculture Pratique* du 10 juillet 1890 : « C'était « un bien joli groupe que celui qui correspondait au bé- « tail dit de Jersey. Les sujets de cette race sont assez « communs dans le département de la Manche ; on y ap- « précie chez eux, non seulement l'aptitude laitière, mais « surtout la qualité du lait, qui est exceptionnellement « riche en matières grasses, si bien que, pour obtenir un « kilo de beurre, il suffit de 16 à 18 litres de lait de « vache Jersiaise, alors qu'il en faut de 25 à 30 s'il s'agit « de vaches Bretonnes ou Normandes. Ces chiffres sont « très éloquents. »

Je tiens encore à citer l'opinion de M. G. Heuzé, Inspecteur général honoraire de l'Agriculture, dont la parole a une haute autorité en matière agricole.

A l'occasion du Concours régional du Mans, en 1890, M. Heuzé écrivait : « Autrefois, avant l'arrivée des charmantes vaches Jersiaises, il fallait en moyenne 28 à « 30 litres de lait pour fabriquer un kilo de beurre. Aujourd'hui 18 litres de lait suffisent pour obtenir le « même produit. Ce remarquable résultat atteste une fois « de plus la qualité beurrière de la vache de Jersey, « c'est-à-dire que le lait des vaches Jersiaises est plus « chargé de crême que le lait des races normande et bre- « tonne. »

Ainsi, afin d'éviter le reproche d'un trop vif enthousiasme en faveur de la jersiaise, je prendrai le chiffre qui lui est le moins favorable, et n'attribuerai à son lait qu'une richesse en beurre de 5,263 pour cent ; ce qui revient à dire qu'elle produit le kilo de beurre avec 19 litres.

En résumé, suivant cette base, une vache de Jersey, donnant par an 2,000 litres de lait, fournira 105 kilos 260 grammes de beurre.

Maintenant, il faut bien considérer qu'une vache de Jersey ne mange pas plus qu'une grande bretonne du littoral, et, comme celle-ci, se contentera de la moitié de la nourriture nécessaire à une cotentine.

Si on admet ces principes, on reconnaîtra avec moi que la race de Jersey est celle des trois races dont il vient d'être question qui produira le plus de beurre pour la même dépense alimentaire, puisque deux bretonnes donneront 156 kilos 528 grammes ; deux jersiaises, 210 kilos 520 grammes, et une cotentine 153 kilos 846 grammes, à consommation égale.

En consultant la notice sur l'exploitation du domaine de Monthorin, on constate qu'en 1880-1881, avec les dix vaches de la race du pays, formant l'effectif du troupeau de la retenue, le rendement en lait était de 21,531 kilos, et celui en beurre de 659 kilos 500 grammes. On remarque ainsi que, sur la même retenue en 1889-1890, avec trente Jersiaises, le rendement s'élevait à 72,154 kilos de lait et 4,031 kilos de beurre. En prenant le tiers, soit en lait, 26,070 kilos, et en beurre, 1,510 kilos, on voit donc que, sur la même ferme, dix Jersiaises ont rendu 4,447 kilos de lait et 851 kilos de beurre de plus que les dix vaches du pays. Cet exemple ne paraît-il pas concluant?

Pendant une tournée agricole que je fis, en 1890, dans l'arrondissement de Montfort, je pris avec soin des notes détaillées et notamment sur ce qui concernait la production du beurre, Or, pour sept fermes dont les étables renfermaient ensemble 166 vaches bretonnes de grande taille et croisées Durham-Breton, j'ai relevé un rendement en beurre de 11,900 kilos par année, ce qui ferait à peine 72 kilos par vache, Je suis convaincu qu'avec 166 jersiaises, et sans une seule dépense de plus, il eût pu être au moins de 17,430 kilos.

Qu'est-ce que la vache de Jersey?

De savants zoologistes font remonter l'origine du bétail qui peuple aujourd'hui les îles de la Manche à la race primitive Irlandaise, qui, selon eux, aurait également donné naissance à nos variétés bretonnes.

Si tel est le point de départ de l'espèce bovine d'Alderney, tout porte à croire qu'elle a subi postérieurement des mélanges avec des sujets de la race originaire des rivages de la Baltique, que les Northmans amenèrent avec eux lors de leur invasion sur les côtes de la Manche. Puis entre le IXe et le XIIIe siècle, époque où la navigation était encore dans son enfance, les principales relations des insulaires de Jersey devaient être nécessairement avec les parties du continent les plus voisines de chez eux et qui forment aujourd'hui le littoral des Côtes-du-Nord, de l'Ille-et-Vilaine et surtout de la Manche ; il est donc évident, comme ils s'occupaient déjà beaucoup d'agriculture, qu'ils profitaient de leurs fréquents voyages en Bretagne et en Normandie pour en ramener des bestiaux bretons et normands, dans le but d'améliorer les leurs par des infusions de sang nouveau.

Par conséquent, les bestiaux jersiais actuels proviennent d'anciens croisements et métissages, d'abord entre des animaux des races primitives irlandaise et germanique, puis ensuite de nouveaux croisements et métissages avec des sujets des variétés bretonne et normande, issues elles-mêmes des races primitives irlandaise et germanique.

En effet, dans les vaches de Jersey, nous retrouvons de nos jours certaines traces incontestables de sang normand et de sang breton, qui se sont perpétuées par atavisme depuis plusieurs siècles et que, de temps à autre, la reversion fait reparaître plus frappante.

Quand, en 1203, Philippe-Auguste reprit à Jean-sans-Terre le Duché de Normandie pour le rattacher à la France, les Iles de la Manche, par suite d'une circonstance bien regrettable pour nous, en furent distraites et restèrent de ce fait définitvement anglaises. Des lois draconiennes furent alors édictées, frappant des peines les plus dures tout individu qui introduirait à Jersey ou à Guernesey des sujets vivants de l'espèce bovine.

Sans doute l'ombrageuse Angleterre, en imposant cette prohibition, avait avant tout pour objet d'interdire les rapports suivis que les insulaires, grands agriculteurs, pouvaient entretenir et conserver, soit avec la province devenue française, dont ils dépendaient naguère, soit avec la Bretagne, encore sous le coup de l'indignation profonde que lui causait l'assassinat de son Duc Arthur.

Quoi qu'il en soit, cette mesure, interdisant l'importation, entraîna d'excellents résultats, en ce sens que le bétail de Jersey, qui se reproduisait alors par des croisements et des métissages souvent défavorables à la conservation comme au développement des facultés spéciales, ne put être entretenu, dès lors, que par sélection.

Cette dernière méthode de reproduction, permettant de transmettre aux descendants, d'une façon certaine, les qualités héréditaires des ancêtres et même d'en augmenter la puissance par la consanguinité, a été suivie avec la plus scrupuleuse attention et très habilement pratiquée en vue de favoriser, avant tout, l'aptitude laitière sous le rapport du produit en beurre.

Elle a admirablement réussi ; aussi, comprenant combien il était important de préserver la nouvelle race de tout accouplement pouvant atténuer les remarquables qualités acquises, les Etats de Jersey, ne voulant pas laisser tomber en désuétude la loi de 1203 interdisant l'importation des bestiaux, décidèrent, en 1771, de punir d'une amende de 1,000 livres (25,000 fr.) par animal, et de la confiscation du navire, l'introducteur de vaches, génisses ou taureaux étrangers. En 1864, cette prohibition fut maintenue, mais on réduisit l'amende à cent livres (2,500 fr.). Aujourd'hui encore la contravention est punie d'une amende de 20 livres (500 fr.), de la confiscation de l'animal et d'un emprisonnement de trois mois.

Les éleveurs de Jersey se sont assurés le monopole de la vente à l'étranger, en garantissant, par ces précautions prohibitives, la pureté de leur bétail.

En outre, voyant qu'au loin on commençait à apprécier leurs animaux et à les rechercher aux prix les plus élevés, ils se sont appliqués, avec leur esprit profondément pratique, à tout mettre en œuvre pour les perfectionner encore, afin de provoquer les demandes en offrant une marchandise de premier ordre, et se procurer ainsi, par le monopole de l'exportation, la certitude d'immenses bénéfices.

Les Agriculteurs de Jersey créèrent alors des associations locales en vue d'entretenir des reproducteurs exceptionnels, dont la saillie se payait parfois 4 ou 5 livres (100 ou 125 fr.), d'organiser des concours, de distribuer des prix pour encourager l'amélioration persévérante de leur race bovine et obtenir plus d'homogénéité dans l'espèce.

Puis la Société Royale d'Agriculture fut fondée.

On ouvrit alors, en 1886, un Herd book, ou livre généalogique, sur lequel sont seuls inscrits les sujets examinés et approuvés par un jury, composé des éleveurs les plus honorables et les plus consciencieux, pris dans chaque paroisse de l'Ile.

Pour être inscrit, il ne suffit pas qu'un animal soit sorti de parents déjà inscrits, il doit toujours être soumis à l'examen scrupuleux du jury. Les mâles ne peuvent pas subir cette épreuve avant l'âge de un an et les femelles avant deux ans, afin que la Commission soit en mesure de mieux asseoir son jugement sur les apparences laitières.

A cet effet, la Société Royale a dressé une échelle de cent points, représentant les principaux caractères que l'on doit rechercher dans la race et dont la totalité représente la perfection. Tout animal, qui n'a pas obtenu un minimum de 30 points, est « désapprouvé », suivant l'expression consacrée à Jersey, et se voit refuser à tout jamais l'inscription au Herd Book.

Voici l'échelle de perfection pour les taureaux :

1° Généalogie enregistrée. . . . . . . 5 points.

A reporter. . . . 5 points.

Report.	5	points.
2° Tête fine, effilée et front large. . .	5	»
3° Joues petites.	2	»
4° Gorge pure.	4	»
5° Museau noir, entouré d'une nuance claire, naseaux hauts et ouverts. .	4	»
6° Cornes petites, non épaisses à la base, recourbées, jaunes, pointe noire. .	5	»
7° Oreilles petites, minces, de couleur orange foncé à l'intérieur. . . .	5	»
8° OEil plein et vif.	4	»
9° Cou arqué, fort, mais non grossier et pesant.	5	»
10° Garrot fin, épaules larges et en pente, poitrail large et profond.	4	»
11° Corps arrondi, large, profond, les côtes bien placées.	5	»
12° Dos droit du garrot à la naissance de la queue. . , ...	5	»
13° Dos large par le travers des reins. .	3	»
14° Hanches éloignées l'une de l'autre et bien ossées.	3	»
15° Croupe longue, large et de niveau. .	3	»
16° Queue fine, tombant jusqu'aux jarrets et pendant à angle droit avec le dos.	3	»
17° Peau mince, moëlleuse et couverte d'un poil fin et doux.	4	»
18° Peau d'une couleur jaune.	4	»
19° Jambes de devant courtes, droites, fines, sabot petit.	4	»
20° Avant bras plein et grossissant au-dessus du genou.	3	»
21° Quartiers de derrière du jarret à la pointe de la croupe, longs, séparés		
A reporter. . . .	80	points.

Report.	80 points.
l'un de l'autre et bien remplis. . .	3 »
22° Jambes de derrière, placées carrément vues par derrière, ne se croisant pas, ni ne se frappant en marchant. . .	3 »
23° Les parties placées carrément et séparées l'une de l'autre.	5 »
24° Développement.	4 »
25° Apparence générale.	5 »
	100 points.

Voici l'échelle de perfection pour les vaches et les génisses :

1° Généalogie enregistrée.	5 points.
2° Tête petite, fine et effilée.	3 »
3° Joues petites, gorge nette.	4 »
4° Museau noir et entouré d'une nuance claire, les naseaux hauts et ouverts.	4 »
5° Cornes petites, non épaisses à leur base, recourbées, jaunes avec la pointe noire.	5 »
6° Oreilles petites, minces et d'une couleur orange foncée à l'intérieur. . .	5 »
7° OEil plein et doux.	3 »
8° Cou droit, fin, et attaché aisément aux épaules.	3 »
9° Garrot fin, épaules larges et en pente, poitrail large et profond.	4 »
10° Corps arrondi, large, profond, les côtes bien placées.	5 »
11° Dos droit depuis le garrot à la naissance de la queue.	5 »
A reporter.	46 points.

Report.	46 points.
12° Dos large par le travers des reins. .	3 »
13° Hanches éloignées l'une de l'autre, bien ossées, la croupe longue, large et de niveau.	5 »
14° Queue fine, pendant jusqu'aux jarrets et pendant à angle droit avec le dos.	3 »
15° Peau mince et moëlleuse, couverte d'un poil bien doux.	4 »
16° Peau de couleur jaune.	4 »
17° Jambes de devant toutes droites et fines, avec sabots petits.	3 »
18° Avant bras plein et grossissant au-dessus des genoux.	3 »
19° Quartiers de derrière, du jarret à la pointe de la croupe, longs, larges et bien remplis.	3 »
20° Les jambes de derrière placées carrément, vues de derrière, ne se croisant pas, ni ne se frappant en marchant.	3 »
21° Mamelle large, non charnue, s'étendant en avant, bien en ligne et bien soutenue en arrière.	5 »
22° Tettes pas trop grosses, jaunes, de dimensions égales, éloignées les unes des autres et placées carrément. . .	5 »
23° Les veines laitières très accusées auprès de la mamelle et sous le ventre. . .	4 »
24° Développement du sujet.	4 »
25° Apparence générale.	5 »
	100 points.

Les n°s 21 et 23 sont déduits du nombre des points exigés pour la perfection chez les génisses, attendu que la mamelle et les veines laitières ne peuvent avoir acquis leur développement entier.

Il est à remarquer qu'il n'est pas question de la couleur de la robe. C'est qu'en effet, dans la race bovine de Jersey, il n'y a pas qu'une nuance unique, comme dans plusieurs de nos races françaises, Charolaise, Parthenaise, Aubrac, Limousine, etc.

Néanmoins, en France, bien des agriculteurs sont convaincus que les animaux de Jersey doivent être de couleur uniforme, fauve ou froment, sans taches, avec la langue et le bout de la queue noirs.

C'est là une erreur et un préjugé, car dans l'île on trouve des animaux ayant les robes les plus diverses. Cependant ceux à pelage brun, fauve ou gris, sont de beaucoup les plus nombreux. J'ai relevé dans les volumes officiels du Herd book les couleurs des sujets inscrits, et je n'ai pas trouvé moins de 80 nuances différentes. En outre des trois pelages les plus répandus, il y a encore le pelage rouge, le noir, le crème, le rouan, le souris, etc. Enfin, beaucoup de robes sont marquées de larges taches blanches.

Quand à la langue et à la queue, elles sont tantôt noires et tantôt blanches.

Il n'est pas étonnant qu'une espèce, provenant, comme je l'ai dit plus haut, de races présentant des robes très variées, n'ait pas pris un pelage dominant et homogène. Si, dans les jersiais, certains caractères de conformation et d'aptitudes se reproduisent maintenant toujours invariables, cela tient à la sélection constante qui a été pratiquée dans ce but avec la plus vive sollicitude, mais il reste évident qu'on n'a pas cherché pareillement à appliquer les mêmes principes pour arriver à n'avoir qu'une seule et même couleur.

A Jersey, dans les concours de bestiaux, la couleur n'entre pas en ligne de compte dans les appréciations des jurys, qui n'attachent d'importance qu'à la conformation et aux apparences laitières des concurrents.

C'est ainsi que, parmi les animaux primés dans les expositions de Jersey, plusieurs ne l'eussent pas été par certains jurys français.

Je citerai, par exemple : Punch, 1er prix des taureaux en 1889, qui portait une tache blanche au poitrail, et Stanley, 1er prix des taureaux en 1890, qui avait la langue et la queue blanches.

A l'exposition qui vient d'avoir lieu dans l'Ile, il y a quelques jours, le 26 août, le taureau d'un an qui a obtenu le premier prix avait la langue blanche, et la vache gagnante du premier prix et de la coupe d'argent était de robe brune et blanche, avec prédominance de blanc.

A l'aide du Herd book, il devient facile de retrouver les antécédents de chaque famille, et l'éleveur, se préoccupant toujours d'augmenter la richesse laitière chez ses élèves, peut, en parfaite connaissance de cause, accoupler les reproducteurs à cet effet, suivant les aptitudes bien constatées pendant plusieurs générations. Aussi, bien que le coût ordinaire de la saillie soit à Jersey de 2 à 6 shillings (2 fr. 40 à 6 fr. 20), les bons agriculteurs n'hésitent pas à payer 30 shillings (36 fr.), souvent 60 shillings (72 fr.) et quelquefois plus, pour pouvoir conduire leurs vaches aux taureaux ayant les plus célèbres origines.

Le but proposé a été atteint : la réputation des vaches de Jersey comme étant supérieure à celles des autres espèces laitières pour la production du beurre, a traversé les mers, et non seulement des diverses contrées de l'Europe, de l'Angleterre, de la Belgique, de la France, on vient les chercher dans leur île mais encore du Nouveau Monde. Les Américains les transportent dans les vastes prairies des Etats-Unis, sans êtres arrêtés par des prix d'achat souvent fabuleux et les risques qu'entraînent de longs voyages et de pénibles traversées.

Pour donner une idée des prix fantastiques de certains animaux de Jersey, je citerai quelques chiffres, presque tous fournis par M. Johanet ; ainsi :

Le taureau « Farmer's Glory » a été vendu 16,000 fr.

Le taureau « Count St-Georges, » acheté 2,500 fr. à Jersey, a été revendu 25,500 fr. aux Etats-Unis.

La génisse « Rollo's flower, » a été payée 4,385 fr.

La génisse « Red Rose, » a été vendue 4,955 fr.

Dans le journal *la Chronique de Jersey,* du 4 novembre 1882, on signale un embarquement, pour l'Amérique, de 101 bêtes, dont plusieurs étaient payées 7,500 fr., et une, entre autres, la vache « Khedive 's Primrose, » 25,000 fr.

En 1883, aux Etats-Unis, la vache « Rose », atteignit le prix de 15,000 fr.

La vache « Princesse » a été vendue 24,000 fr.

La vache « Aster 2nd, » a été achetée pour l'Amérique 32,825 fr.

La vache « Deary » a été vendue 7,940 fr.

La vache « Coomassie, » restée célèbre à Jersey, a été vendue 5,000 fr.

Le taureau « Royal-Khédive », a été acheté pour l'Angleterre 2,500 fr.

Pour arriver à de pareils chiffres, il fallait nécessairement que la race de Jersey se montrât à la hauteur de sa reputation, et que ces vaches donnassent un rendement annuel bien supérieur à celui de 2,000 litres de lait et de 105 kilos 260 grammes de beurre que j'ai pris plus haut comme base moyenne de leur production.

En effet, voici, d'après des documents que j'ai pu me procurer, ce que des vaches de Jersey ont rendu :

La vache « Luna » a donné 3,670 litres de lait en 1876 ; l'année suivante 4,040, et 3,940 en 1878.

La vache « Alice Gray, » après son vêlage du 31 janvier 1881, a fourni eu février 509 litres de lait, en mars 515, en avril 422, en mai 423; soit 1,869 litres en 4 mois. Dans la seule semaine du 14 au 20 février, elle a donné 7 kilos 390 grammes de beurre, avec 128 kilos 650 grammes de lait, ce qui, à la densité de 1,030, représenterait 124 litres 903 de lait, et par conséquent le kilo de beurre par 16 litres 901.

La vacke « Queen of Barnet, » d'après une expérience contrôlée par plusieurs témoins, aurait donné du 21 mai au 31 décembre de la même année, soit en 225 jours, 4,108 kilos 370 grammes de lait, rendant 251 kilos 580 grammes de beurre, ce qui, toujours à la même densité, ferait 3,988 litres 708, et représenterait 1 kilo de beurre par 15 litres 858. Cette même vache, dans l'anné 1879-1880, aurait donné 349 kilos de beurre.

La vache « Belle of Scituate » fournissait fréquemment, pendant les mois qui suivaient son vêlage, 1 kilo 360 grammes par jour. Dans une année, se terminant le 4 mars 1870, elle a produit 319 kilos 385 grammes de beurre et, d'après des expériences officielles, en juin 1879, nourrie simplement à l'herbe, elle en donnait en une seule semaine 10 kilos 250 grammes. En septembre 1870, cette vache, traite publiquement, matin et soir, pendant 2 jours, en présence du bureau d'Agriculture de Marshfield, au barattage a donné comme moyenne de chaque traite 621 grammes de beurre, ou 1 kilo 242 grammes par jour.

La vache « Alphéa, » en pleine production laitière, aurait donné jusqu'à 1 kilo 810 grammes de beurre par jour.

La vache « Eurotas, » petite-fille de la précédente, entre deux vêlages, du 10 novembre 1879 au 15 octobre 1880, c'est-à-dire en 341 jours, aurait fourni 3,407 kilos 820 grammes de lait, rendant 352 kilos 700 grammes de beurre; ce qui, à la densité de 1,030, revient à 3,308 litres 552, et représente la proportion vraiment prodigieuse de 1 kilo de beurre par 9 litres 377. Elle me paraît tellement invraisemblable que je n'aurais pas osé la citer si elle n'eût été signalée par des auteurs sérieux, comme M. Léouzon et le baron Peers.

La vache « Soucique, » gagnante, il y a quelques années déjà, de la coupe d'argent et du premier prix Guénon, à Jersey, a donné 16 livres de beurre en 7 jours, et la vache « Coomassie, » qui a obtenu, de 1876 à 1880, le premier prix de la Société Royale d'Agriculture de Jersey, a, pour sa part, donné 16 livres onze onces de beurre dans le même laps de temps. La livre de Jersey étant de 488 grammes, cela équivaudrait en mesures françaises à 7 kilos 811 grammes pour Soucique, et à 8 kilos 120 grammes pour Coomassie.

Je puis encore citer des rendements analogues, constatés officiellement et certifiés dans des procès-verbaux émanant du Comité de l'Associarion des fermiers jersiais. Ainsi :

La vache « Lively's Glory ». fille de Farmer's Glory, âgée de 5 ans, appastenant à M. Francis Le Broq, a donné, deux mois après son vêlage, du 31 mai au 6 juin 1886, c'est-à-dire dans la semaine, 333 livres 14 onces de lait, qui ont rendu 15 livres 4 onces de beurre ; ce qui, en mesures françaises. équivaut à 162 kilos 950 grammes de lait et 7 kilos 435 grammes de beurre. A la densité de 1,030, cela ferait donc 158 litres 207 de lait, et représenterait 1 kilo de beurre par 21 litres 277.

La vache « Lucy » âgée, comme la précédente, de 5 ans, et appartenant au même propriétaire, un mois après son vêlage, et aussi du 31 mai au 6 juin 1886, a donné, de son côté, 299 livres 11 onces de lait, rendant 15 livres 7 onces de beurre, soit, en mesures françaises, 146 kilos 279 grammes de lait et 7 kilos 519 grammes de beurre.

En capacité, le rendement serait de 142 litres 019, et le kilo de beurre serait fourni par 18 litres 888.

Pour compléter cette énumération, voici encore quelques témoignages que j'extrais d'un article qu'un écrivain agricole de haute valeur, M. Eugène Marie, a publié le 29 mai 1890, dans *le Journal d'Agriculture Pratique,* à la suite du concours de bestiaux jersiais, tenu en Angleterre, à Kempton-Park.

Dans le troupeau créé par M. Daunecy, fermier à Horwood, à la suite d'une sélection rigoureuse et d'appareillements judicieux, il y avait des vaches ne donnant pas moins de 4 kilos 44 à 5 kilos 43 de beurre pas semaine. L'une d'entre elles arrivait à 995 grammes pour une seule traite, ce qui représente un rendement d'environ 8 kilos par semaine.

La première récompense à l'Exposition anglaise de 1886 fut décernée à une vache de 6 ans, appartenant à M. Smith, qui, après son cinquième veau et au sixième jour de son lait, donnait, en 48 heures, près de 28 kilos de lait, produisant 1 kilo 795 grammes de beurre, ou 6 kilos 288 grammes par semaine.

Au concours laitier de l'année suivante, une vache, appartenant à M. Joseph Brutton, ne donna pas moins de 1 kilo 499 grammes en un jour, soit 10 kilos 956 grammes par semaine.

Au concours des vaches laitières pour la production du beurre, à Kempton-Park, dans la catégorie des vaches à leur troisième veau, le premier prix fut attribué à un animal qui, après 156 jours de lactation, a donné, en vingt-quatre heures, dans l'enceinte même du concours, 1 kilo 151 grammes de beurre pour 18 kilos 601 grammes de lait.

Le second prix a été le partage d'une vache dont le rendement, dans le même laps de temps, a été de 1 kilo 116 grammes de beurre pour 16 kilos 163 de lait.

Enfin, le troisième prix est échu à une vache à son cent quatorzième jour de lactation et dont le produit en beurre a été de 1 kilo 025 grammes pour 15 kilos 830 de lait.

Dans la classe des vaches à leur deuxième veau, la vache « Finish, » à M. Edward Carter, est arrivée première avec 15 kilos 117 de lait et 873 grammes de beurre ; la vache « Blossom 2nd, » à M. William Adams, est arrivée seconde avec 11 kilos 589 de lait et 880 grammes de beurre ; enfin la vache « Cynthia, » à Madame Perkins, a obtenu le 3e prix avec 11 kilos 918 de lait et 859 grammes de beurre.

Je crois qu'il serait difficile de trouver, même exceptionnellement, des vaches normandes et bretonnes, arrivant à une production en beurre aussi extraordinaire.

Pourquoi donc, possédant ces inappréciables qualités et ces merveilleuses aptitudes, les vaches de Jersey ont-elles tant de peine à se faire admettre dans nos concours régionaux, institués cependant pour encourager l'amélioration du bétail français et l'élevage des races étrangères, susceptibles de rendre des services à notre agriculture ?

Pourquoi donc ces vaches, que l'on peut à juste titre qualifier de vaches beurrières par excellence, ne sont-elles pas plus répandues chez nous, alors qu'il suffit d'une courte traversée de trois heures, pour les amener à Saint-Malo, et que, principalement dans le nord de l'Ille-et-Vilaine, elles se trouveraient dans des conditions d'hygiène, de climat, de sol, de nourriture, identiques à celles dont elles jouissent dans leur île, ce qui assurerait leur réussite dans nos fermes ?

C'est qu'il existe à leur égard des préjugés mal fondés et des appréhensions exagérées.

Je vais essayer d'en rechercher les raisons.

D'abord on reproche aux jersiaises de coûter trop cher.

Dans la fable de La Fontaine, le renard, ne pouvant atteindre les raisins, s'en consolait en les déclarant trop verts : de même, le prix relativement élevé des vaches de Jersey étant parfois un obstacle à leur acquisition, il s'est trouvé quelques agriculteurs peu consciencieux qui ont bravement pris leur parti de ne pas pouvoir en avoir, en assurant que ces fameuses laitières étaient déplorablement surfaites et ne devaient procurer au fermier que des déceptions et des déboires. Malheureusement trop de personnes ont cru leurs dires sans en demander plus.

A Jersey, il y a vaches et vaches, et, comme partout ailleurs, il s'en trouve de bonnes et de mauvaises. Ces dernières sont réformées pour cause de médiocrité et destinées à l'abattoir. Or, trop fréquemment, ce sont des maquignons ou des bouchers français qui les achètent à très bon marché pour les importer en France, où ils les revendent ensuite sous une pompeuse étiquette, en prenant pour eux une large commission. Qu'arrive-t-il alors ? Ces vaches sont de détestables laitières, elles ont des défauts graves, elles se montrent stériles, etc. Sans reconnaître qu'en définitive il n'en a que pour son argent, qu'il a été trompé, l'acheteur mécontent, dépité, s'est fait, dès lors, ardent détracteur de la race, la jugeant à tort d'après l'animal de rebut qu'il s'est procuré à bas prix en s'adressant à un imposteur.

Il n'en faut pas davantage, la plupart du temps, pour faire repousser une excellente race, qui pourrait cependant rendre les plus grands services dans un pays ; elle est fatalement condamnée de parti pris, avant d'avoir été admise à faire ses preuves.

Il serait absurde de juger d'une espèce par un sujet ; l'opinion doit porter sur un ensemble. Il est donc plus sage de s'en rapporter aux résultats acquis par l'expérience d'un grand nombre d'agriculteurs, qu'à l'essai incomplet de quelques-uns, et il n'est pas équitable de décider de prime abord que la race entière est condamnable, par ce seul fait que l'on a connu quelques individus défectueux.

Du reste, si la réputation des vaches de Jersey était encore à faire, il suffirait, pour l'établir, de considérer de bonne foi, que, depuis vingt ans, le chiffre des exportations, au lieu d'aller en diminuant, augmente chaque jour. Si donc on les recherche de plus en plus, malgré leur prix élevé, c'est parce qu'elles donnent vraiment les satisfactions que l'on attend d'elles.

A Jersey, les vaches hors ligne restent toujours cotées à des prix excessifs, que peuvent seules aborder les grosses fortunes américaines ou anglaises ; mais, depuis ces dernières années, l'élevage dans l'île s'étant considérablement développé, on peut aujourd'hui se procurer à un taux plus accessible, variant de 16 à 24 livres sterling, c'est-à-dire de 400 à 600 francs, de belles génisses de choix livrables à l'âge de deux ans et prêtes à faire leur veau.

Je sais bien que, même au prix de 400 fr., les modestes agriculteurs de notre région n'ont que très difficilement la possibilité d'acheter des vaches à Jersey. Mais s'ils ne sont pas à même de se permettre l'acquisition des bêtes adultes, il leur reste au moins la ressource de se procurer des petits veaux de race pure et de les élever.

Il a été introduit de Jersey par le port de Saint-Malo, depuis le 3 août 1883, date à laquelle il a été ouvert à l'importation des bestiaux étrangers, environ 25 taureaux et taurillons, et plus de 360 vaches ou génisses, dont la majeure partie était destinée au département d'Ille-et-Vilaine. Par conséquent, maintenant que plusieurs propriétaires ont consenti à s'imposer des sacrifices pour faire venir de bons types de l'île même, afin de propager la race dans leurs environs, le cultivateur intelligent devrait s'empresser, chaque fois qu'il en trouve l'occasion à un prix raisonnable, d'acheter des génisses de pur sang au sevrage, et en les nourrissant bien, d'en faire la souche d'un bon troupeau de vaches laitières.

Dans la contrée de Saint-Malo-Saint-Servan, l'élevage est nul, et, pour entretenir leurs étables, les fermiers ont recours à un système qui paraît tout à fait contraire à leurs intérêts et peu compatible avec une administration agricole bien entendue. Ils achètent en foire des vaches amouillantes ou venant de vêler. Au bout de quelques mois, quand elles commencent à tarir, ils les revendent à la boucherie ; puis, ils vont à une autre foire leur chercher des remplaçantes et ainsi de suite, s'estimant satisfaits quand le boucher leur octroie un léger bénéfice sur le prix d'achat primitif.

Ainsi, qu'ils soient tombés aujourd'hui sur une vache passable, ils sont exposés demain à en avoir une mauvaise.

Et que sont ces vaches qu'on leur fournit ? Pas autre chose que les bêtes trop vieilles ou médiocres laitières, dont éleveurs des Côtes-du-Nord et de certains cantons herbagers d'Ille-et-Vilaine sent trop heureux de débarrasser leurs vacheries, car il faut bien se figurer qu'ils conservent précieusement les meilleures.

Si nos fermiers possédaient une fois de bonnes jersiaises, ils en obtiendraient des rendements si avantageux, qu'ils changeraient bien vite de méthode : ils les garderaient longtemps et élèveraient leurs génisses pour reconstituer par elles leurs troupeaux. Car, en définitive, qu'est-ce donc, sur une ferme, si petite qu'elle soit, que d'élever une ou deux génisses par an ?

Il est probable qu'alors ils ne fréquenteraient plus aussi régulièrement les foires. Le résultat serait que les maquignons et les cabaretiers ne trouvant plus à placer leurs pitoyables bestiaux et à débiter leurs liquides frelatés, se verraient forcés de lever boutique. Inutile d'ajouter combien la bourse et la santé du fermier y gagneraient.

Les consommateurs n'y perdraient pas non plus, car les bouchers n'ayant plus sous la main ce stock inépuisable de laitières sèches et usées, seraient obligés d'aller se pourvoir au dehors ; aussi nous permettraient-ils de manger de temps en temps de la viande de bœuf, au lieu de l'inévitable viande de vache coriace et filandreuse avec laquelle nous sommes condamnés invariablement à faire le pot au feu.

Je suis sincèrement convaincu que l'argent mis dans de bonnes jersiaises est de l'argent bien placé, et, sous d'autres rapports que la production du beurre, nos fermiers se créeraient une nouvelle et féconde ressource par la vente des génisses.

Ses adversaires les plus acharnés ont beau dire et beau faire, la vache de Jersey triomphe par ses qualités, malgré leurs calomnies intéressées et leurs insinuations perfides. En effet, de différents côtés de la France, de la Vendée, de la Vienne, du Maine-et-Loire, de l'Eure-et-Loir, de l'Indre-et-Loire, des Côtes-du-Nord, du Calvados, de la Manche surtout, de l'Ille-et-Vilaine, de la Haute-Saône, des environs de Paris, etc., on la recherche, car on lui rend justice.

Il y a vingt ans, quelques animaux furent amenés de Jersey dans l'arrondissement de Saint-Malo, et bien que cet essai eût établi leurs incontestables aptitudes, les vaches de pur sang tendaient à disparaître quand, en 1885, M. François Lemarié, de Paramé, livra à la reproduction le taureau « *Faust,* » acheté dans une des meilleures étables de l'île. Son exemple a été suivi, et sur plusieurs points, depuis lors, on entretient de superbes taureaux qui propagent l'espèce.

Présentement, en parcourant le territoire compris entre Châteauneuf, Saint-Servan, Cancale et Combourg, on rencontre, dans les champs, des vaches plus distinguées que les autres ; leur démarche plus noble, leur allure plus vive, leur cornage fin et régulier, leur petite tête fine et intelligente avec de gros yeux doux-saillants, leur mufle noir, entouré d'un cercle blanc, dénoncent chez elles la race de Jersey dans toute sa pureté.

Aussi, l'an dernier, les baigneurs venus à Paramé ont-ils fait dans les environ une râfle de génisses pour les conduire en Seine-et-Oise, les payant jusqu'à 450 francs pièce. Vendrait-on, même par hasard, des vaches du pays à ce prix là ?

Cette magnifique opération ne devrait-elle pas, à elle seule, suffire pour encourager les fermiers à élever un plus grand nombre de jersiaises ?

Un autre reproche que l'on fait à la vache de Jersey, c'est qu'elle n'est pas bête de boucherie, et que, lorsqu'il faut s'en défaire, soit par suite d'accident, soit quand elle est usée comme laitière, on n'en trouve plus qu'un prix presque toujours très inférieur à celui auquel elle avait été achetée jeune.

Mais si, le jour de la réforme, le boucher n'offre que les deux tiers, la moitié et même le quart du prix de première acquisition, il s'agit aussi de savoir si, pendant sa période de production, la vache n'a pas rapporté un produit suffisant, non seulement pour compenser cette perte, mais encore pour laisser à l'agriculteur un bénéfice important.

A ce sujet, voici comment s'exprime le baron Peers, l'agronome belge, au sujet des jersiaises, et ce qu'il dit pour son pays, patrie des énormes laitières flamandes, est encore plus vrai pour la Bretagne.

« Plus d'un fermier éleveur s'est récrié sur les grandes

« sommes qu'il y a à débourser pour acquérir ces lai-
« tières hors ligne ; c'est généralement ce qui les arrête ;
« non pas le désir d'en posséder, il s'en faut, mais la
« pensée de payer aussi cher de petites bêtes qui ne re-
« présentent pas un poids équivalent en viande : c'est là,
« précisément, la grande erreur qu'ils commettent. En
« achetant une grande vache donnant peu de lait, elle ne
« représente que sa valeur en chair et ne leur procure
« qu'un intérêt fictif, que nous pouvons élever au taux
« de 4 pour cent, tandis qu'en se procurant la jersey, ils
« sont certains de faire 25 pour cent de leur capital. »

Je suppose une vache de Jersey achetée 500 fr., rendant 105 kilos de beurre par an. Dans six ans elle en aura donc fourni 630 kilos, ce qui, à 2 fr. 50 le kilo, ferait 1,575 fr., et je ne parle ni de la vente des veaux, ni de la valeur du lait écrémé et du lait de beurre. Si cette vache, au bout de ce temps, n'est revendue à la boucherie que 150 francs, par exemple, elle aura néanmoins rapporté 1,225 francs, déduction faite de la perte de 350 fr. sur son prix d'achat.

Je suppose ensuite une grande bretonne du même âge, achetée 200 fr. et revendue exactement 200 fr. au boucher six ans après. Pendant sa production à 78 kilos 254 gr. de beurre à l'année, elle en aura donné 469 kilos 524 gr., soit pour une valeur de 1,173 fr. 80.

Ainsi donc, même avec une déduction de 350 fr. sur sa revente, la jersiaise aura rapporté, rien que par son beurre, 51 fr. 20 de plus que la bretonne.

Mais supposons maintenant une jersiaise et une bretonne nées et élevées chez le même cultivateur. A deux ans elles auront coûté exactement le même prix l'une et l'autre. Qu'on les vende à huit ans, au prix de 200 fr. pour la bretonne et de 150 fr. pour la jersiaise, malgré cette différence, celle-ci, par son beurre seul, aura rapporté à son propriétaire 351 fr. 20 de plus que la bretonne.

Pour toute une étable, la différence mérite qu'on y réfléchisse.

Suivant une croyance trop généralement répandue, on considère la jersiaise comme un animal absolument rebelle à l'engraissement. C'est un jugement sans fondement. La vache de Jersey pendant sa lactation, est, il est vrai, d'une maigreur toute particulière, ce qui tient à ce que les aliments qu'elle consomme se transforment presqu'entièrement en lait et non en suif. Mais quand, une fois tarie, elle est bien entretenue et convenablement nourrie, elle prend au contraire assez facilement la graisse ; seulement chez elle l'état d'embonpoint est beaucoup moins appréciable à l'œil qu'à l'exploration des maniements.

La viande des bestiaux jersiais est tendre, succulente et de première qualité. Dans une lettre de M. V. Hellouin, propriétaire agriculteur à Neville, près de Saint-Valery en Caux, dans la Seine-Inférieure, et reproduite par le baron Peers, on lit le passage suivant :

« Quant à leurs qualités pour l'engraissement pour la
« boucherie, contrairement à ce qu'on peut dire, je
« trouve et j'affirme qu'elles sont (les vaches de Jersey)
« d'une conformation, d'une finesse extrême, et je ne
« suis pas le seul de cet avis : les bouchers, mes voisins,
« les préfèrent aux bêtes du pays et les payent 10 cen-
« times de plus par kilo. »

Le bœuf de Jersey fournit, lui aussi, une viande de grand mérite, et il joint à cette aptitude celle non moins précieuse d'être un animal de trait remarquable par sa vigueur et son énergie, qui fournit tout autant de travail dans la journée que les bœufs de plus forte race, tout en demandant moins de nourriture. Il arrive au poids fort raisonnable de nos meilleurs bretons.

J'ai su qu'un taureau de Jersey, élevé à Paramé et vendu pour le Poitou, avait été livré à la boucherie de Châtellerault l'année suivante, c'est-à-dire à 3 ans ; il pesait 600 kilos et fut payé 500 fr.

Cette année on pouvait voir au concours régional de Niort un autre taureau de 40 mois, venu en décembre 1887 de Jersey en France dans le ventre de sa mère, et qui, au dire des experts, pesait dans les 800 kilos.

On reproche encore à la vache de Jersey de ne faire que de très petits veaux, par conséquent peu rémunérateurs, parce qu'il faut les laisser trop longtemps sous la mère avant de les livrer à la boucherie comme veau de lait.

Je reconnais que les veaux de race jersiaise sont en effet très petits à leur naissance, mais je ferai remarquer en même temps que la pratique qui consiste, dans les pays d'industrie laitière, à faire allaiter les veaux par la mère pendant un mois ou six semaines, est ce qu'il y a de plus préjudiciable pour la bourse du fermier.

D'après les expériences les plus concluantes, il est admis qu'il faut au moins 10 litres de lait pur, c'est-à-dire n'ayant été privé d'aucun de ses éléments, pour faire gagner un kilo de viande à un veau.

Or, comme chez nous les veaux se vendent rarement sur pied au-dessus de 70 centimes le kilo, il en résulte que chaque fois qu'on peut tirer par la vente du lait frais, ou par sa transformation en beurre, plus de 7 centimes par litre, il y a perte à laisser le veau sous la vache.

A Saint-Servan, le lait frais se vend couramment 20 centimes le litre ; si, par exemple, pendant un mois, on permet au veau d'en têter 10 litres par jour, on lui aura fait prendre, il est vrai, un supplément de poids de 30 kilos, mais alors on aura perdu 60 fr. pour n'en gagner que 21, ce qui n'est pas une fameuse opération commerciale.

Là où le lait a une grande valeur, comme en Seine-et-Oise, en Seine-et-Marne, etc., les veaux sont retirés à la mère dès leur premier jour, et vendus à des nourrisseurs qui les alimentent au baquet avec des laits écrémés, des farines et des tourteaux. Ce sont ces veaux à la viande blanche et grasse, qui, sous le nom de veaux de

Pontoise, sont avec raison si appréciés des Parisiens.

Par conséquent, quand on a de bons débouchés pour le beurre ou pour le lait, je me demande s'il n'est pas préférable, pécuniairement parlant, de tuer le veau quand il vient au monde, pour livrer sa peau à la mégisserie, alors que l'on n'a pas la possibilité de le nourrir artificiellement.

Avec des vaches de Jersey, les veaux mâles seuls pourraient être un embarras, parce que, en raison des demandes qui deviennent de jour en jour plus nombreuses, les petites femelles trouveront facilement acheteurs, pour l'élevage, à des prix plus élevés que celui des veaux pesant deux fois plus qu'elles.

Est-il vrai de dire que la jersiaise est la vache du riche ? On doit la considérer comme une bête de luxe quand il faut la payer au poids de l'or ; mais, si on peut l'acheter à un prix modéré, si on a pu l'élever, il n'en est pas, au contraire, qui convienne autant au petit fermier, car c'est celle qui lui remboursera la nourriture avec le plus de profit. Elle est même une vache sans pareille pour la cure de campagne ou l'humble closerie.

La jersiaise est très rustique et se contente de l'alimentation la plus ordinaire. Ne redoutant pas les intempéries des saisons, on la voit dans son île attachée au piquet sur les falaises, et exposée des journées entières aux plus rudes coups de vent, aux plus violentes bourrasques. De mai en novembre, quelque temps qu'il fasse, elle reste dehors nuit et jour.

Importée au Canada et aux Etats-Unis, elle résiste a des froids et à des chaleurs que ne supporteraient ni les normandes, ni les bretonnes. Le changement de climat et d'habitudes ne lui enlève pas ses qualités, et on a reconnu que dans la prairie américaine son rendement augmentait encore. Je tiens d'Américains dignes de foi que, dans leurs immenses pâturages, il n'est pas rare de rencontrer des vaches de Jersey fournissant dans l'année un poids de beurre équivalent et quelquefois supérieur à leur poids en viande.

Je puis assurer, d'après ma propre expérience, qu'une vache de Jersey ne consomme pas plus que nos bretonnes ordinaires. L'été, l'herbe lui suffit, et l'hiver, quand elle est en pleine lactation, elle n'exige pas une ration plus forte que celle que nous donnons aux autres vaches de même taille. Chez elle, tout supplément de nourriture se change en beurre.

Les vaches de Jersey jouissent généralement d'une bonne constitution et ne sont pas plus sujettes que nos races françaises de l'Ouest aux maladies qui frappent l'espèce bovine. C'est à tort que l'on cherche à les dénigrer en prétendant qu'elles ont des dispositions toutes spéciales à la tuberculose, et, pour être de bonne foi, il faut reconnaître que cette redoutable et terrible affection n'est pas plus répandue chez les jersiaises que chez les bretonnes et les normandes.

N'en déplaise à notre amour-propre breton, l'industrie beurrière est plus perfectionnée en Normandie que chez nous : elle y fait chaque jour de nouveaux progrès, tandis que nous nous endormons trop dans la routine.

Or, nos voisins ont reconnu qu'avec la jersiaise ils pouvaient améliorer encore et augmenter leur production.

Les bestiaux cotentins, il est inutile de le nier, ont reçu des infusions récentes de sang Durham ; aussi sont-ils très en progrès comme bêtes de boucherie; seulement j'ai entendu affirmer que cette modification a quelque peu altéré leurs tendances laitières.

C'est peut-être alors pour compenser ce que leurs cotentines, améliorées comme productrices de viande, ont pu perdre comme productrices de lait, que les Normands ont jugé utile de leur adjoindre des jersiaises d'un entretien peu coûteux, et dont les dispositions beurrières sont poussées à l'extrême.

Une autre cause aussi a contribué à mettre la vache de Jersey en vogue dans la Normandie ; c'est la spécialité que définit ainsi le Colonel de Vains, agriculteur aux environs de Valognes, dans la Manche :

« Cette race (la jersiaise) a encore l'avantage de pro-
« duire un beurre ferme, qui vient durcir le beurre sou-
« vent mou de nos contrées. Par sa couleur jaune dorée,
« sa crème évite l'emploi des colorants qui souvent al-
« tèrent la qualité des beurres. »

Aussi, quand on parcourt la ligne d'Avranches à Cherbourg, est-on frappé par le grand nombre de vaches de Jersey que l'on aperçoit au milieu des troupeaux de cotentines répandus sur les riches pâturages qui bordent la voie ferrée.

C'est qu'une expérience bien acquise a démontré tout le parti qu'on pouvait tirer d'elles dans la Manche.

Voici, sous ce rapport, un extrait du journal *le Courrier de la Manche,* publié à Saint-Lô, le 22 juin 1890 :

« Nous comprenons que l'agriculteur veuille introduire
« dans sa vacherie quelques animaux jersiais ; ils ont, en
« effet, une qualité beurrière de premier ordre, et cette qua-
« lité communique au beurre de la vacherie un moëlleux
« de pâte et une fermeté qui en augmentent la valeur. »

Il ne doit pas y avoir de fausse honte à imiter ceux qui font mieux que nous ; suivons donc l'exemple des Normands.

Que dans le Morbihan et le Finistère l'élevage de la jersiaise ne trouve pas d'adeptes, je le comprends, car elle ne se contenterait pas du pâturage sur la lande.

Que, d'autre part, dans ces mêmes départements, l'extension de cet élevage dans le reste de la Bretagne soit vu d'un mauvais œil, cela peut s'expliquer aussi, car ce sont des pays qui élèvent, pour vendre au dehors, la petite vache laitière, et qui appréhendent la concurrence.

En effet, ils expédient depuis longtemps leurs ravissantes vaches dans différentes provinces de la France, où n'existent pas des espèces à lait ; ce sont eux qui fournissent ce que l'on appelle les bêtes de parc. Ils en font même un très important commerce. Aussi, comme les jersiaises remplissent le même objet que les bretonnes, tout en étant en même temps d'un bien plus grand rapport, nos compatriotes craignent-ils qu'elles ne soient préférées à leurs vaches, ce qui nuirait à leur écoulement, et redoutent-ils de voir échapper un monopole qu'ils tiennent à conserver intact.

Mais, pour les parties plus fertiles des Côtes-du-Nord et d'Ille-et-Vilaine, les mêmes considérations n'existent pas.

C'est à Laval, en 1886, que les bestiaux jersiais parurent pour la première fois dans les Concours régionaux. Le Jury ne daigna pas les examiner. L'année suivante, à Rennes, ils étaient plus nombreux, mais rencontrèrent peu de sympathie chez leurs juges. En 1888, à Alençon, et en 1890, au Mans, on manifesta à leur égard une véritable hostilité. Au lieu de se décourager devant une pareille mauvaise volonté, les éleveurs persistèrent à présenter leurs animaux, et à Saint-Lô, en 1890, ils exposaient 66 sujets très remarquables.

M. Raudoing, inspecteur général de l'agriculture, chez qui chacun se plaît à apprécier l'affabilité et le dévouement aux intérêts agricoles de l'Ouest, voulut bien alors former une Commission spéciale, et la race de Jersey fut enfin récompensée avec justice et impartialité. J'ajouterai que, comme il n'y a que le premier pas qui coûte, il en fut de même l'an dernier à Saint-Brieuc.

Ces encouragements, bien gagnés, porteront leurs fruits, il faut l'espérer, et les agriculteurs soucieux de la prospérité des fermiers, sincèrement désireux de leur rendre service en mettant à leur portée les animaux utiles et de gros rapport, verront leurs efforts couronnés de succès par le développement que prendra l'élevage rémunérateur des Jersiais.

Il est plus facile de convaincre par des exemples que par des paroles. Or, il n'en est pas de plus concluants que les magnifiques résultats obtenus par M. le Comte de la Riboisière sur ses domaines. On ne saurait les méditer avec trop d'attention.

Ils portent pour le moment sur vingt-et-une fermes, formant une superficie totale de 496 hectares.

Avant 1881, ces fermes étaient affermées suivant le régime coutumier du pays et louées ensemble 35,712 fr.

A partir de cette date, le fermage ordinaire fut remplacé par une sorte de métayage d'un genre nouveau, dont voici le système :

« Les conventions suivantes ont été fixées entre pro-
« priétaire et fermier. Le fermier n'a plus de prix de lo-
« cation à payer, et tous les produits de la ferme lui sont
« laissés, sauf ceux de l'étable, qu'on partage dans les
« proportions déterminées ci-après. Il doit diriger son
« exploitation de manière à produire le plus de lait pos-
« sible. Il doit apporter tout ce lait à l'usine. Le kilo de
« lait lui est payé 5 centimes et demi l'hiver, et 4 cen-
« times et demi l'été. Mais la somme annuelle qui est
« remise au fermier, comme prix du lait, est au moins
« égale au montant du fermage antérieur. Ainsi, un fer-
« mier qui avait une location de 1,000 fr., n'a plus rien à
« payer, et est certain de toucher du propriétaire au moins
« 1,000 fr. Le fermier reçoit, en outre, à titre d'indem-
« nité, le tiers de la valeur de tous les animaux nés sur sa
« terre, au moment où ces animaux sont enlevés de la
« ferme ; les serviteurs reçoivent le sixième de cette valeur.

« Enfin, quand le montant net de la vente du beurre
« dépasse le total : 1° du prix du fermage antérieur ; 2°
« de la somme versée au fermier pour le lait ; 3° de l'in-
« térêt et de l'amortissement de l'argent dépensé par le
« propriétaire pour aménager la ferme, le fermier reçoit
« encore un quart de ce surplus, et les serviteurs un

« autre quart. Ainsi, sur une terre louée primitivement « 1,000 francs, la somme garantie au fermier pour prix « du lait étant aussi de 1,000 fr., si on évalue encore à « 1,000 fr. l'intérêt de l'amortissement des sommes dé- « pensées par le propriétaire, fermiers et serviteurs ont « droit à partage quand le produit de la vente du beurre « dépasse 3,000 fr.

« Le propriétaire fournit sans indemnité le troupeau « d'organisation, mais il a seul la propriété de tous les « animaux nés ou à naître, et il se réserve la direction « absolue de l'élevage. Tous les troupeaux ne sont com- « posés que d'animaux de la race jersiaise. »

Il convient d'ajouter que deux grandes laiteries à vapeur ont été construites, l'une à Monthorin, et l'autre à Javené. C'est là que les fermiers apportent chaque jour leur lait, qui est immédiatement traité à l'écrémeuse centrifuge, puis baratté et expédié aussitôt à Paris, aux Halles centrales.

Or, en 1889-1890, le produit général de la vente du beurre et des jeunes élèves a été de 109,308 fr. Sur ce chiffre, le propriétaire a gardé pour sa part 61,930 fr. 45, soit 26,218 fr. de plus qu'il n'en recevait sous l'ancien ordre de choses ; il a été payé aux fermiers 42,500 fr. 60, et alloué aux domestiques ruraux 4,150 fr. à titre de gratification ; le reste a été versé pour eux à la caisse des retraites.

Ainsi, une seule ferme, celle de la Rouletière, de 27 hectares, louée 2,270 fr., avant 1881, a rapporté, en 1889-1890, la somme de 9,569 fr. 45, savoir : 5,369 fr. 55 pour le propriétaire, et 3,589 fr. 90 pour le fermier ; de plus, ce dernier a joui seul des produits autres que ceux de l'étable, tels que céréales, pommes, porcs, etc.

Jusqu'au 1er octobre 1890, les fermiers de 496 hectares seulement ont apporté le lait aux laiteries, mais d'autres fermes, d'une superficie de 464 hectares, sont actuellement en voie de transformation, et 900 vaches ou génisses de Jersey formeront les troupeaux de ces différentes étables.

On peut donc conjecturer qu'alors que le fonctionnement sera complet, le bénéfice du propriétaire sur le prix de ses anciens fermages s'élèvera à plus de 50,000 francs.

A côté de tels chiffres, oserais-je parler de mes essais personnels ? Bien qu'ils soient fort modestes, ils ont cependant leur signification. En 1883, j'avais trois bretonnes et deux ayrshires. Or, mes ventes de lait, beurre et veaux, n'ont pu atteindre que 1,260 fr. dans l'année, soit 210 fr. par vache. Mais, en 1890, avec sept jersiaises, je suis arrivé à 2,785 fr. 50, soit 397 fr. 85 par vache.

Le droit protecteur de 5 francs, qu'une loi bienfaisante pour l'Agriculture française avait établi sur l'entrée des blés étrangers, vient d'être supprimé. Après une mauvaise récolte de céréales, comme celle de cette année, c'est un véritable désastre infligé à la bourse du cultivateur. Pour ma part, je suis intimement convaincu que nous trouverions, en partie du moins, un dédommagement à la perte qui en résultera pour nous, si nous nous créons une ressource compensatrice par une plus forte production en beurre et l'élevage de meilleurs bestiaux.

Quoique dans notre département le nombre des vaches de Jersey aille sans cesse en progressant, il n'est pas encore assez élevé pour que l'on puisse se procurer à volonté des génisses de pur sang. Mais, en attendant qu'elles soient plus répandues, on peut former une excellente étable de laitières en croisant nos vaches indigènes avec le taureau jersiais.

Il est, en effet, parfaitement établi par l'expérience que ce croisement par le taureau de Jersey avec les vaches normandes ou bretonnes, accroît considérablement chez les produits les tendances laitières et la richesse butyreuse du lait. Plus tard, en faisant saillir, toujours par des taureaux de pur sang, les génisses successivement sorties de ces croisements répétés, on obtiendra des sujets se rapprochant au dernier degré de la jersiaise pure, et offrant les mêmes caractères et les mêmes aptitudes.

De notre côté, les cultivateurs ont le grand tort de ne pas attacher assez d'importance au choix des taureaux. Le premier venu leur convient, s'il n'est pas très éloigné, et si la saillie est à bas prix. Trop souvent ils livrent leurs vaches à des reproducteurs issus de métissages en variation désordonnée, de mélanges invraisemblables, où les sangs breton, normand, durham, etc., sont associés de la façon la plus inconsidérée. Aussi leurs produits, au lieu de s'améliorer, ne peuvent-ils que dégénérer.

Il en serait autrement si, quand ils ont la bonne fortune de posséder dans leur voisinage un taureau de Jersey pur, ils en profitaient, quel que soit le coût de la saillie, pour lui conduire leurs meilleures vaches, car il transmettrait au moins à sa descendance les admirables qualités de sa race.

Je n'ai pas la prétention d'imposer mes convictions en quoi que ce soit, pas même au sujet de la vache de Jersey. Aussi, pour conclure, me bornerai-je à dire : Essayez, et vous verrez ; mais au moins que l'essai soit loyal et complet.

Champloret, 1er Septembre 1891.

Tréguier. — Imprimerie Le Flem.

www.ingramcontent.com/pod-product-compliance
Lightning Source LLC
LaVergne TN
LVHW050454160826
845677LV00003B/775
9782329670522